风尚美家

Fashion Home

混搭风情

Mix and Match Style

李江军 编

U0305168

中国电力出版社
CHINA ELECTRIC POWER PRESS

内容提要

本书详细介绍了 37 个最新混搭家居案例，数百张构思新颖的高清实景图片让读者从中汲取灵感。通过彩色平面图的展示与设计说明的介绍，对每个案例进行了独到的解析。最后，针对装修中可能会遇到的问题，本书邀请多位资深室内设计师从选材、设计、施工、软配等多个环节进行专业细节点评，使读者对混搭风格家居设计有了更为直观的认知。

图书在版编目（CIP）数据

风尚美家．混搭风情 / 李江军编． — 北京 ：中国电力出版社，2014.4
ISBN 978-7-5123-5458-6

Ⅰ．①风… Ⅱ．①李… Ⅲ．①住宅－室内装修－建筑设计－图集
Ⅳ．①TU767-64

中国版本图书馆CIP数据核字(2014)第007414号

中国电力出版社出版发行
北京市东城区北京站西街19号　　100005　　http://www.cepp.sgcc.com.cn
责任编辑：曹巍　　责任印制：郭华清　　责任校对：太兴华
北京盛通印刷股份有限公司印刷·各地新华书店经售
2014年4月第1版 · 第1次印刷
700mm×1000mm　1/12 · 11印张 · 230千字
定价：35.00元

目录
Contents

混搭生活态度
马赛克做踢脚线呼应乡村风格 5
卫生间的干区移到过道区域 6
阳台墙面采用两种材料装饰 6
卧室飘窗台面采用马赛克做装饰 7
巧妙解决顶面与墙面两种材质的过渡与衔接 8

谜语心岸
客厅中央空调侧出风侧回风 10
美观环保的儿童房设计 12
色彩丰富的卫生间墙面设计 13

槟榔屿
客厅安装吊灯注意加固处理 15
隔断与文化石铺贴的墙面应保持一定距离 16
卫生间实木台盆柜美观大气 16
采用乳胶漆装饰卫生间的部分墙面 17

雀舞倾城
窗帘盒的位置需结合多种因素考虑 20
踢脚线的材料选择和铺贴 21
餐厅和书房的功能区划分 21

闲情美家
入户玄关的隔墙设计 23
卧室飘窗台最好选用石材铺设 25
阳台的地面材料注意防晒 25

多栖表情
客厅的电视背景墙设计 27
半悬空的装饰柜设计 27
西厨设计增添现代时尚感 28

森林城堡
负一层设计注意防水处理 29
先贴墙纸后装异形门套 29
拱形门洞和错层台阶的设计 30
楼梯间照明应选择壁灯 31
斜顶根据坡度安排中央空调的位置 32

异域风情的情怀
客厅壁龛给空间增色 34
厨房玻璃移门增加空间采光 34
卫生间门吸改地吸 35

最炫民族风
厨房橱柜的选择 36
客厅与卧室顶面的划分 37
卫生间功能利用注意防水 38

都市新贵
密度板雕花隔断营造通透效果 39
公共区域的踢脚线风格统一 39
开放式厨房设计让空间更加宽敞 41
内开窗需考虑后期窗帘盒的厚度 42

家的味道
进门过道及鞋柜设计 43
卧室窗台的休息区设计 44

法兰西风情
根据客厅面积选择空调样式 46
巧用镜子增加餐厅空间感 47
美轮美奂的卫生间设计 48

清新小家
公共区域与私密区域的划分 50

阳台宜安装手动的晾衣架 50
卫生间宜选择集成吊顶 51

盎然绽放
书橱背板的镂空设计与书房巧妙融合 54
干区拱形窗洞让空间更通透 55
卫生间防水设计 55

生活的痕迹
木质吊顶安装吊灯需做龙骨加固 56
厨房设计应考虑业主家庭的实际情况 57
厨房吊顶及橱柜台面的选择 58

蓝天白云下
节能环保的射灯的应用 59
地砖铺贴注意平整度的把握 59
阳台保温层的合理利用 60

花样芬芳
留出安装罗马杆的空间 63
中央空调提高生活舒适性 63
庭院和露台设计要考虑防水 63
视听室墙面采用软包设计 66

原味
餐厅装饰柜储物美观两不误 67
卧室衣柜侧面做了单独的隔墙 69

大城小爱
中央空调的回检一体设计 71
娱乐休闲的吧台设计 71
投影幕布的插座应事先预留位置 72
卫生间的墙挂式坐便器 73

广岛之恋
合理控制衣帽柜的柜门高度 74
进门过道顶部铺贴地板 74
中央空调安装位置的选择 75

新颜
玻璃砖提升客厅采光效果 77
餐厅背景的书柜造型 78

混搭新潮
卧室设计榻榻米增加储物空间 81
圆弧形墙面设计与暖黄色墙面相互映衬 81
错层户型的台阶处理 82
壁龛造型丰富过道的层次感 82

暖色心语
干区墙面注意防水问题 85
橱柜台面选择直接贴砖的做法 87
拱形门洞表面的材质选择 87

巧克力的小田园
选择橱柜的台面材料 88
阳台改造成实用的储藏和休闲空间 89
地砖与地板巧妙衔接 89

自然格调
客厅空间自由舒适 92
卧室床头与衣柜融合的设计 92
砖砌柜体加强阳台空间利用 93

悠然宁静
马赛克的运用和收口处理 95
厨房吊顶选择杉木板材质 95
卧室铺贴地板应与窗户形成垂直的角度 97

情系向日葵
小户型空间选择挂墙式电视机 99
卫生间装修注意材料的防水性能 100
儿童房制作吊柜式书橱 100

蓝白小镇
暗卫生间注意采光和通风 102
开放式厨房的墙面处理 103
根据业主的喜好设计卫生间 104

书香绿苑
客厅沙发背景做成开放式书柜 106
卫生间注意防潮通风 107

绿野棕林
巧用鞋柜作为玄关的隔断 109
餐厅地面小方砖之间采用美缝处理 109
实木家具应与暖气片拉开距离 110

摩卡之味
多个拱形门洞美观大方 111
马赛克与乳胶漆之间巧妙衔接 112
房间的书柜采用开放式设计 113

东情西韵
安装中央空调的合理高度 114
壁灯的高度和墙面线条的制作 115
踢脚线的高度应根据装修风格调整 115

月满西楼
个性鲜明的客厅设计 117
楼梯踏步的选材 119
开放式厨房敞亮美观 119

村梦
餐厅与客厅的功能分区 121
飘窗改造成储藏柜 122
卫生间墙面砖的合理铺贴 123

浓郁休闲风
厨房玻璃移门的设计增加采光 124
卫生间的装修注意防水 125
挑高的客厅在两层交接处巧妙收口 125
露台休息区的设计 126

日式禅意
深色实木方条装饰过道吊顶 127
客厅与楼梯间巧妙衔接 128
厨房铺贴拼花地砖美观大方 129
伞状灯具艺术感十足 129

混搭地中海
使用地暖的家庭铺设地砖更利于导热 131
阳台设计注意防水 132
马赛克的使用应注意收口问题 132

混搭生活态度

<| 建筑面积

120m²

<| 装饰主材

仿古砖、杉木板、
铁艺、艺术墙绘、
彩色乳胶漆

<| 设计公司

福州阿墨设计

<| 设计师

钟墨 朱艺青

　　本案定位成混搭风格，把美式乡村风格与东南亚风格完美地融合在了一起。设计时打破了原有的格局，首先改变电视背景与沙发背景的方向，隔出一个入户玄关区，增加私密性；其次改变了厨房门的方向，让门正对餐厅，使用起来更加便捷；最后设计师解决了主卧储藏的问题，把主卧做成一个大的套间，同时利用套间内书房的面积改造出一个储藏间，实用且舒适。此外，干湿分开的方案无形中增加了客卫的功能面积。

平面图

设计细节

马赛克做踢脚线呼应乡村风格

　　用马赛克做踢脚线的做法在乡村风格的设计中会比较常见，施工时一般应先贴地砖再做马赛克，这样可保证马赛克的完整性和美观度。但需要注意的是，马赛克一般比木质踢脚线薄，贴地砖时应注意砖与墙边的距离。

卫生间的干区移到过道区域

　　卫生间的干区被放置到了过道区域，方便实用，但施工时需注意，台盆上方贴砖的高度要根据使用情况高于台面 20～30cm，避免后期使用时水花四溅带来的麻烦。台盆下方做个简单的柜子，这样在方便将来处理下方水路问题的同时，也能起到储物的作用。

阳台墙面采用两种材料装饰

　　为了使阳台的生活气息和休闲意味更加浓重，设计师没有选择在所有墙面上贴砖。但考虑到后期如果阳台进水，会对墙面造成损伤，所以本案在施工时，高度40cm以下部分的墙面采用火烧砖铺贴，40cm以上部分则涂刷防水乳胶漆，美观和实用性兼得。

✎ 设计细节

卧室飘窗台面采用马赛克做装饰

　　东南亚风格的卧室飘窗台面采用马赛克做装饰，既美观又与风格协调。但需要注意的是，一般铺贴马赛克需要填缝处理，建议业主使用美缝剂填充，防止阳光暴晒后普通填缝剂开裂、变色。

巧妙解决顶面与墙面两种材质的过渡与衔接

　　卧室没有做复杂的吊顶，设计师用了一圈类似挂镜线的线条把顶面和墙面隔开，巧妙解决了顶面与墙面两种材质的过渡与衔接，既方便又实用。此外，卧室的墙面采用柔和的暖色调利于睡眠。

本案户型为上下两层，总面积为 260m² 左右。一层主要为生活会客区、老人房及保姆房。为了保证一层空间的开阔性，设计师把厨房打开，做成敞开式，让光线能进入餐厅和过道。为了充分利用空间，把餐桌设计成卡座形式，置于楼梯下方。楼梯临近阳台，其通透的特点完全不用担心对餐厅的采光和通风造成任何影响。一层配备两个房间，都为老人居住，给老人的生活带来便利，休息时可以互不干扰。而保姆房位于两个老人房之间，方便保姆照顾两边的老人。二层主要定位为家庭休闲区域，有书房、儿童房和主人房等，同时，连接楼梯的公共过道区被改造成舞蹈房和钢琴房，主要是家人娱乐、学习和锻炼的场所。

一层平面图

二层平面图

谧语心岸

<| 建筑面积
260m²

<| 装饰主材
墙纸、文化石、仿古砖、实木地板、彩色乳胶漆

<| 设计公司
深圳非空室内设计工作室

<| 设计师
非空

>>>

✏️ 设计细节

客厅中央空调侧出风侧回风

客厅区域的中央空调做成侧出风侧回风的方式，也就是出风口和回风口都在吊顶的侧面，做吊顶时一定要考虑好出风口与回风口是否有足够的距离，否则会影响空调效果。做此类设计时，设计师应提前施工交底，木工师傅在施工期间也要注意轻钢龙骨的分布不能对后期安装风口造成影响。

设计细节

美观环保的儿童房设计

　　对于孩子的房间，设计上主要以环保、健康为宗旨，所有使用的材料都不能对孩子幼小的身体造成伤害，设计师也注意到了这一点，于是墙面设计摒弃油漆的使用，改为纸质墙纸，既美观又环保。

色彩丰富的卫生间墙面设计

　　卫生间彩色墙砖的铺贴看似杂乱无章，其实更具视觉美感。这里需要注意的是，很多马桶带有智能加热或者自动清洁的功能，因此，在做水电时应该按照本案，在马桶边上做防水插座，以便日后更换新型智能马桶。

槟榔屿

<| 建筑面积

300m²

<| 装饰主材

墙纸、文化石、
仿古砖、
彩色乳胶漆

<| 设计公司

杭州真水无香
室内设计

>>>

　　本案是一套东南亚风格与新中式风格混搭的别墅，设计师在与业主详细沟通后，将上述两种风格通过材料、色彩搭配、后期软装布置等手段进行融合，又通过装饰细节使其风格彰显。客厅的罗汉床与落地莲花灯立刻让人感受到浓浓的中式韵味。在进门过道右侧，文化石贴面的壁炉造型给空间融入更多的乡村风元素。主卧的四柱床上挂着妩媚的纱幔，几个色彩艳丽的泰丝抱枕是东南亚风格家具的重要搭档。餐厅槟榔色的实木家具雕刻精美，与发散型的木质假梁吊顶相得益彰，充分体现出异域风情。

一层平面图

二层平面图

三层平面图

客厅安装吊灯注意加固处理

　　许多欧式吊灯的体量特别大，施工时就存在顶面承重的问题。原顶安装基本不用对顶面处理，如果是顶面做了石膏板吊顶，那就要求在做吊顶时务必做加固处理，以减少隐患。

设计细节

隔断与文化石铺贴的墙面应保持一定距离

　　文化石铺贴的墙面会存在凹凸不平的现象，在做设计或者后期安装时，隔断应与墙面保持一定的距离，以防止出现隔断与墙体无法完美连接而破坏整体效果。此外，隔断的镂空设计在划分空间的同时也能充分采光。

设计细节

卫生间实木台盆柜美观大气

　　实木材质的台盆柜不仅环保，而且美观大气，但其不宜放置在潮湿的空间里。对于没有干湿分离的卫生间，为了减少淋浴房的潮气对台盆柜的影响，淋浴隔断的安装是必不可少的。同时也可以增加排气扇，以减少卫生间的湿气。

采用乳胶漆装饰卫生间的部分墙面

　　此卫生间在接顶的位置，采用部分乳胶漆装饰墙面。一般卫生间建议都用墙砖铺贴，但如果为了增加变化，也可以考虑在部分墙面涂刷乳胶漆，但注意必须采用防水乳胶漆材料，防止使用过程中乳胶漆变色与发霉。

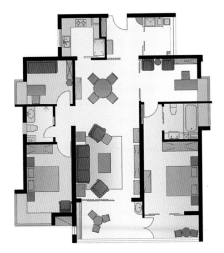

平面图

本案男业主是典型的音乐发烧友，收藏了6把心爱的吉他和多套音响设备，家里总是堆放着一大堆的 CD 光盘和乐谱，对音乐的痴迷程度让人叹为观止。女业主则钟情于爵士乐和一些经典的老歌曲，待人接物彬彬有礼，性格也特别率真。

此户型为四室两厅两卫，两卧室及客厅朝南，采光非常好，设计师对此进行了进一步的优化。首先增加了入户的储藏功能，其次打开书房区域，让朝东的光线和自然风可以进入餐厅区域。主卧室自然而然地做成了一个大套间，增加生活的舒适性。门厅和餐厅由半虚半实的隔断隔开，做出玄关效果。

雀舞倾城

<| 建筑面积

160m²

<| 装饰主材

墙纸、仿古砖、
彩色乳胶漆、
实木雕花板

<| 设计公司

深圳导火牛设计

<| 设计师

导火牛

>>>

对于窗户和移门等需要在顶上预留窗帘盒位置的区域，在安装空调时需要提前考虑空调布管对窗帘盒的影响。客厅移门或者窗户处要预留双层轨道的窗帘盒位置，其距离一般在 15～18cm。

 设计细节

踢脚线的材料选择和铺贴

　　踢脚线的安装一般是有固定时间的，如本案中的大理石踢脚线，一般是在地砖贴好、门套安装好之后才进行施工。需要注意的是，踢脚线一般应选择与门套相近或者相同的颜色，这样更能体现空间的整体性。

 设计细节

餐厅和书房的功能区划分

　　餐厅和书房用四扇木质移门相隔，镂空的移门镶上茶镜的设计，既对其做出功能的划分，也增加两个区域的通透性。另外，书房的木地板与餐厅的地砖在接缝处的处理可以用门槛石进行划分，使过渡更加流畅。

平面图

本案是由一套二手房改造设计的，业主需要一个大大的厨房，厨房里面最好有一个杂物间。要有两个儿童房，一个老人房，一个保姆房。主卧里面希望有一个独立书房，卫生间要大，储物空间要大。于是设计师进行了一番改造：原餐厅旁边有一个下沉式的空中花园，直接填平后，一小部分做了保姆房，大部分做了这一家的活动区域；原本有3个卫生间，把其中一个用来做了儿童房的衣柜位，主卫做了一个大衣柜，衣柜的门一个通往阳台，另一个通往卫生间，门关起来就是一个完整的衣柜面；主卧里面还有一个圆形阳台，一半封成了书房，另外一半敞开，做了一个观景阳台。

闲情美家

< | 建筑面积
200m²

< | 装饰主材
水曲柳饰面板、
艺术涂料、
彩玻、水性漆

< | 设计公司
深圳深蓝设计

>>>

✎ 设计细节

入户玄关的隔墙设计

入户的玄关区域做了一道隔墙。这类装饰性的隔墙一般选择石膏板或者轻质砖隔墙，切忌在没有梁的位置（楼下住户）砌大面积砖墙，否则将导致房子的结构无法承受此重量。

✎ **设计细节**

卧室飘窗台最好选用石材铺设

　　此卧室采用挂壁式空调，在前期打空调孔时，一定要考虑好空调的悬挂高度，以免挂上后影响冷凝水的排放，洞口要比空调内机的高度稍微低点。此外，飘窗的台面也最好选用石材铺设，即使后期使用时被雨淋湿也不用担心。

✎ **设计细节**

阳台的地面材料注意防晒

　　在把阳台改做书房或者休闲区的时候，很多人会选择地板作为地面材料，由于阳台朝阳的特性，在挑选时一定要考虑地板的耐高温、防潮、防晒的性能；或者选择遮光窗帘也能避免产生实木地板暴晒后开裂、变形的问题。

多栖表情

<| **建筑面积**

125m²

<| **装饰主材**

墙纸、大理石、
实木地板、
彩色乳胶漆

<| **设计公司**

2046 设计团队

>>>

　　本案原户型为两室两厅两卫，设计师在和业主沟通后决定改造成两室两厅一卫，同时增加两个储物空间，使空间布局更加合理。主卧的卫生间被去除，增加使用空间的同时扩大储物空间。过道区域非常宽敞，稍显浪费，设计师在此处也安排了储藏室，并且把卫生间的门稍做方向上的调整，不让其正对过道，同时在卫生间内增加了单独的衣帽柜，合理有效。朝北的阳台做成休闲区，让厨房的机动性更强，使用时更加舒适方便。

平面图

 设计细节

客厅的电视背景墙设计

主卧室的门开在电视背景墙上面,考虑到隐形门易损坏的缺陷,设计师并没有一味地将其做成隐形门,而是巧妙地把电视背景做成一个悬挂在墙面上的大理石框,轻移视觉注意力,减少房门造成的视觉影响。

 设计细节

半悬空的装饰柜设计

通过吊顶把过道区域和餐厅划分开来。过道的装饰柜增添了空间的展示性和实用性。柜子可以现场做成同墙体一样的颜色,最好做成悬空状,上半部分也不要做柜门,让空间富有层次感及通透性。施工时应注意墙纸与木质品之间的收口问题,一般用木质压条压住墙纸。

📝 设计细节

西厨设计增添现代时尚感

　　本案的西厨也有吧台的感觉，娱乐、休闲、餐饮，功能俱全。但由于西厨位于原厨房外的阳台，因此，厨房窗帘的选择特别考究，既要注意其遮光效果，又不能让窗户失去通风的功能，可以考虑选择一些时尚清新且便于清洗的材质。

　　本案连同夹层共为四层。负一层结构改动不大，主要安排了视听间、酒吧区和保姆房。一层为会客区，设计师把厨房做成开放式，与餐厅相邻。客厅为下沉式，高低错落使空间具有一定的围合感。夹层分为多功能室和客房，主卫与二层的主卧室相连，属于二层空间。花园通往客房，是另外一块区域。二者都能通过多功能室保持互动性。二层为私密区，设有大小四个房间，每个房间各自独立，通过楼梯与一层连接。与书房相通的是一个户外休闲室，设计师在后期将其改造成全封闭的阳光房。

負一层平面图　　　　　一层平面图　　　　　夹层平面图　　　　　二层平面图

森林城堡

< | 建筑面积
260m²

< | 装饰主材
墙纸、杉木板、
仿古砖、
彩色乳胶漆

< | 设计公司
杭州真水无香
室内设计

>>>

✎ **设计细节**

负一层设计注意防水处理

　　负一层的地势较低，存在易于渗水的严重缺点。所以，施工前务必做好地面的防水处理，防止地下水对室内造成严重的影响。建议墙面采用防水硅藻泥，地面与踢脚线也尽量用砖铺贴，防止渗水对墙面造成损坏。

✎ **设计细节**

先贴墙纸后装异形门套

　　异形门套与墙纸连接，一般的施工顺序是先贴墙纸，后装异形门套，这样做的好处是贴墙纸时可以往门套口多贴一点，裁切方便。若安装异形门套后再贴墙纸，则会给裁切带来不便。

设计细节

拱形门洞和错层台阶的设计

　　室内设计较多的拱形门洞，可以选择乳胶漆或者硅藻泥等容易收口的材质，而错层的三级台阶应尽量选择防滑砖之类的材料进行铺贴。这样的设计使各个空间在相互区分的同时，风格上也能有所联系。

**楼梯间照明
应选择壁灯**

楼梯间因其自身的特点，不便安装顶灯。因此，设计师选择了壁灯作为楼梯间的主照明，除了做好开关双控的处理，还要保证其位置或高度不会对业主日常上下楼梯造成影响。

设计细节

斜顶根据坡度安排中央空调的位置

由于顶楼斜顶的原因，做吊顶时一般根据坡度来安排中央空调的位置，如果采用下出下回的形式，那么建议两个分口的位置距离1m，这样不会影响正常的出风效果。此外，建议用与顶面、墙面相同的颜色进行遮盖，以保证不影响美观。

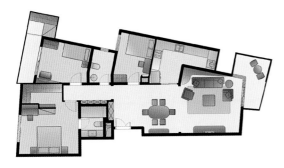

平面图

本案是个三居室的房子，户型的特点是每个房间几乎都不方正，但也正是因为这样，给了设计师很大的想象空间。房间的采光很不错，而且有两个比较大的阳台。色彩在这个空间里得到了比较好的运用，过道和玄关用了蓝与黄的对比色艺术涂料，搭配上田园风格的地砖、孔雀蓝的实木家具，使这些空间显得梦幻而柔美，独特并且活泼；客厅和餐厅运用了平和一些的田园元素，如文化墙、装饰性的壁炉等；厨房和卫生间都采用了几种色彩的砖混搭，这些生活的空间感觉舒适而轻松，甚至墙体边角的磨圆处理也充分体现了业主的细致与关怀。

异域风情的情怀

<| 建筑面积

120m²

<| 装饰主材

墙纸、
仿古砖、
红砖刷白

<| 设计师

廖江英

设计细节

客厅壁龛给空间增色

　　客厅背景墙设计几个巧妙的壁龛,用于摆放一些装饰品,让客厅更具艺术感。另外,客厅移门处做了窗帘盒,客厅窗帘一般分为窗纱和窗帘两层轨道,因此在施工时,窗帘盒的内部净尺寸应该在15～18cm,才能保证两层窗帘可以稳妥地装上。

设计细节

厨房玻璃移门增加空间采光

　　厨房区设计了木质加玻璃的移门,不仅可防止油烟影响客餐厅,而且还能增加采光。在安装移门时应采用上吊轨式,避免使用地轨带来的卫生死角。此外,吊顶方面建议采用一些防污易清洗的材质,这样既省心又美观。

 设计细节

卫生间门吸改地吸

　　因为本案卫生间的门是往淋浴房方向开启的，所以常见的门吸在这里要改为地吸。此外值得注意的是，在安装地吸的时候应确保卫生间没有地暖，对于有地暖的地面是不宜打洞或者开槽的。

最炫民族风

<| 建筑面积
75m²

<| 装饰主材
墙纸、
仿古砖、
彩色乳胶漆

<| 设计公司
蓝翔设计工作室

<| 设计师
钟莉

>>>

案例说明

　　本案的结构改动很大，设计师直接把其中一个卧室改造成衣帽间和书房，另一个卧室做成全开放式，再加上开放式厨房和干湿分区的卫生间，整体感觉就像一个大的套房。此外，卧室和书房的榻榻米连成一体，凸显层次。设计上应用了时下流行的民族风元素，让小空间视觉最大化、居家更大化、实用性更大化。冷暖色系撞色具有很强的视觉冲击力，突破常规，加入浪漫元素。墙纸偏中式，家具的风格偏美式，软装饰品也是偏美式的，精心的搭配让美式和中式在这个小家完美地结合。

平面图

设计细节

厨房橱柜的选择

　　该厨房选择了实木材质的橱柜柜体，看中的是实木材质的环保性。做这种实木材质的橱柜时，要注意柜体的防潮处理，最好由专业的橱柜公司定制。橱柜的高度也应根据业主的身高及习惯进行微调。

📝 设计细节

客厅与卧室顶面的划分

　　客厅顶面乳胶漆的颜色与厚度和主卧室的吊顶是不同的，所以设计师在客厅吊顶使用阴角线把二者完美地区分开来。施工时应提前算好客厅阴角线完成面的厚度，如此才能与卧室的吊顶平齐，否则，木工完工后会给油漆带来不易衔接的麻烦。

卫生间功能利用注意防水

　　该卫生间没有做淋浴隔断和淋浴房的地面挡水条，所以要求施工过程中必须做好地面的散水和防水，保证在淋浴的时候不会影响到卧室地板等易受潮的材料。对于地面和墙面的铺贴，建议选择墙地砖。

✎ 案例说明

本案是一个叠拼别墅，两层楼四室两厅两卫，休闲区的上方挑空，两个卧室及客厅朝南，采光非常好。业主对品质有一定的要求，而设计师更希望房子的实用性强，带来温馨的同时也给人高品位的生活格调。基础装修做得并不复杂，用简单的平顶形式掩盖了复杂的梁柱，只在顶面阴角处用了石膏线条。装修过程中特别注意成品材料的安装和收口的问题，如地板上墙的电视背景和软包床背景都要提前做木工板或者九厘板基层。

✎ 设计细节

公共区域的踢脚线风格统一

设计师用大理石作为一楼公共区域的踢脚线，并且把门套安在踢脚线之上，这样做的好处是防水、防蛀，同时使踢脚线与门槛石的风格统一。另外，在施工时应注意踢脚线和门套安装的前后顺序。

✎ 设计细节

密度板雕花隔断营造通透效果

现在家庭装修中比较多地采用密度板雕花，用于做背景、屏风或吊顶。这种材质价格相对实木雕花板便宜很多，但是在制作的时候一定要注意两点：一是雕花板最好采用倒角制作，这样会生动很多；二是做油漆之前，雕刻剖面必须仔细打磨，这样可方便以后日常打扫卫生。

都市新贵

<I 建筑面积
180m²

<I 装饰主材
柚木面板、
墙纸、大理石、
水性漆、玻璃

<I 设计公司
深圳二胡设计

<I 设计师
二胡

>>>

✏️ 设计细节

开放式厨房设计让空间更加宽敞

　　如果家里做饭不是很多，或者不是经常爆炒且空间不是很大的户型，建议考虑开放式厨房。如果家里做饭相对较多，建议还是做封闭式厨房较好，或者用钢化玻璃做隔断也是一个不错的选择。

内开窗需考虑后期窗帘盒的厚度

目前很多的高层窗户都是内开窗设计，开发商考虑更多的是安全性。对于这类内开窗，设计师在设计窗帘盒时，就要考虑完成后的窗帘盒的厚度对开窗是否有影响，后期选择纱窗时也要注意，纱窗在窗户的外口才不影响窗户的开关。

案例说明

　　本案融合了男女业主的气质与需求。男业主书生气浓郁，而女业主则拥有浪漫的天性，设计师使用中式元素来烘托男业主的儒雅气质，同时用田园风格的饰物为屋内增添小清新的感觉，使女业主的居家梦想得到实现。中式元素体现在餐厅的明清风格太师椅上，设计师特意选择改良风格的新中式家具是为了让房间气氛不那么沉重，同时卧室内大量使用田园风格的寝具，也意在打造清新自然的风格。客厅摆放了一幅有植物元素草地风情的装饰画，本身就富有辽阔感，无形中就对空间做了视觉延伸。

<|建筑面积

　124m²

<|装饰主材

　墙纸、
　实木地板、
　彩色乳胶漆

<|设计公司

　深圳标点设计

<|设计师

　标点

　　>>>

设计细节

进门过道及鞋柜设计

　　很多设计方案的入户有单独的门厅，这就要求不能把原本的过道区域做得死板、压抑。本案的鞋柜做成上下柜样式，不仅可以随手放置钥匙等小件物品，而且让原本狭窄的门厅多了一些变化。鞋柜也可以不做成落地式，留下的空隙正好可以塞入进出门常换的鞋子，既不影响美观，又很好地解决了储藏问题。

对于空间较为宽敞的卧室，可以把落地窗的位置做成休闲区，两把椅子加一个茶几，也可以搭配贵妃靠，体量完全根据户型大小调整。设计时应该注意窗帘盒的位置，如果窗帘顺窗挂，施工时就要在落地窗上方做吊顶并自然地留出窗帘盒位置。

法兰西风情

<| 建筑面积

72m²

<| 装饰主材

墙纸、
仿古砖、
彩色乳胶漆

<| 设计公司

蓝翔设计工作室

<| 设计师

钟莉

>>>

本案原始户型有 3 个缺点：一是厨房区域采光不足，空间拥挤不堪；二是没有单独的餐厅；三是储藏空间不足，主卧室狭小。对此，设计师做了简单的调整。首先，把厨房做成开放式，利用吧台做出厨房区域的变化和层次；其次，打开小房间，吸收该卧室的采光，增加餐厅的亮光；接着是把餐桌靠边，利用墙面造型和吊顶做出完整的餐厅空间；然后再利用主卧室与客厅墙体的厚度，把主卧室的衣柜做到客厅电视背景区，有效地节省空间；最后，卫生间干湿分离，同时在主卧侧墙面做玻璃隔断，增强了生活的趣味性，也帮助卫生间获得足够的采光。

平面图

设计细节

根据客厅面积选择空调样式

本案的客厅面积不大，空调可以选择挂壁式。因为挂壁式空调冷凝水的走向是内高外低，所以这里需要注意把空调内机设置在排水洞口之上，以保证冷凝水顺利排出。

📝 设计细节

巧用镜子增加餐厅空间感

　　在餐厅的背景墙上装饰几面镜子，利用镜子可增加空间感。本案的设计师采用镜框线分割4块镜子，美观实用。当然此处也可以选择茶镜代替银镜，更能体现房间的奢华感。

设计细节

美轮美奂的卫生间设计

卫生间做成玻璃隔断，增强了空间的采光效果。当然，在做这类隔段时应注意卫生间的防水处理。需要在卫生间靠近主卧室一侧的墙面做混凝土的止水带地台，高度控制在12cm 左右。

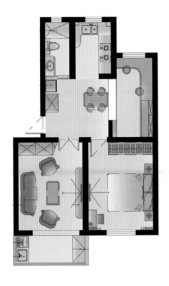

平面图

　　本案建筑面积 70m²，使用面积约 50m²，一个主卧带阳台，一个次卧，一个餐厅，没有客厅，老房子的特点是卧室比较大，所以其他空间更显狭小，而且采光严重不足。设计师把其中一个带阳台的卧室改成客厅，加大门洞的宽度。因为是老房子，所以门洞的大小还是需要控制的，客厅与阳台之间的门洞全部敲掉，这样客厅与餐厅的采光效果大大增强。为了保证空调的使用效果，在客厅与餐厅之间加了两扇对开门，增加了美观度。原来一进门的餐厅增加了半开放式榻榻米，中间采用吧台做隔断，而且吧台下方做成储物柜。休闲区榻榻米做成一个 L 形的工作台，业主是一个美食家，又是一个缝纫高手，所以台面上必有的工作器材就是缝纫机。厨房的空间本来就不是很大，所以冰箱还是放到外面靠近鞋柜的位置。卫生间的空间很小，只够放一个淋浴房和马桶，浴帘隔断改变了玻璃隔断固定的格局。

清新小家

< | 建筑面积
　　70m²

< | 装饰主材
　　彩色乳胶漆、
　　墙纸、
　　复古砖

< | 设计公司
　　苏州大斌空间设计

< | 设计师
　　大斌

>>>

设计细节

公共区域与私密区域的划分

公共区域与私密区域之间一般会有材质的过渡，通常会选用一些石材作为两个功能区的衔接，建议选择大理石这类可以加工磨边的材质。门套安装时，也最好与过门石留出 5mm 的空隙，如此一来，即使有水也不会对门套造成影响。

设计细节

阳台宜安装手动的晾衣架

很多业主为了生活的便利性，阳台上选择安装电动晾衣架，殊不知这种晾衣架在平时的使用过程中特别容易损坏，所以，手动的晾衣架比自动的更适合家庭使用。

📝 设计细节

卫生间宜选择集成吊顶

集成吊顶有易安装、易拆卸、清洗方便、防潮、防油烟等优点。卫生间与厨房选择这类的吊顶居多，如果业主要选择石膏板代替，建议一定要选择防潮石膏板且配以防水乳胶漆。此外，地面铺贴多选择深色的地砖，这样清扫起来更加方便。

盎然绽放

<| 建筑面积
145m²

<| 装饰主材
彩色乳胶漆、
仿古砖、实木地板、
杉木板

<| 设计公司
重庆十二分装饰
设计

<| 设计师
刘玲

>>>

✎ 案例说明

　　本案以实用、耐看、储物功能强并且方便清洁为重点。主卧与书房打通，使功能套间一体化，衔接业主的生活和工作，也能相对增加卧室的实用性。另一个朝南卧室的房门适当改向，既避免了过道直冲卧室门的不利格局，又腾出了布置衣柜的空间。客卫的盥洗台移到了外面，巧妙实现了干湿分区，同时也减少了过道的狭长感。设计上没有采用复杂的造型与繁复的装饰，深色木质家具的厚重质感与轻盈的明亮色系墙体起到了平衡作用，精心布置的饰品如字画、布艺、灯饰等搭配出优雅从容的视觉效果。

平面图

✏️ 设计细节

书橱背板的镂空设计与书房巧妙融合

　　书房的墙面用色大胆、柔和，看似矛盾，其实更加体现设计师对色彩的把握。本案的书橱是现场制作的，所以会更加容易与原有的墙顶面形成一个整体。书橱的背板是镂空的，这样书橱与书房背景也能更加巧妙地融合。

设计细节

干区拱形窗洞让空间更通透

　　干区并没有用厚实的墙体将其单独分开，而是在侧面做了拱形窗洞，保证其通透性。墙面涂料的最好选择是防水乳胶漆，保证其不受潮气的影响。同时，台面的挡水高度至少要20cm，避免洗漱时水花飞溅造成墙壁潮湿。

设计细节

卫生间防水设计

　　卫生间顶部用防水石膏板做吊顶，防止水汽对石膏板造成发霉的影响。此外，一般淋浴房会加挡水条，如果不用挡水条就要在贴地砖时把散水做出来，防止后期使用淋浴时有积水问题。

生活的痕迹

<| 建筑面积
124m²

<| 装饰主材
松木板、定制水曲柳实木线条、
仿古砖、文化石

<| 设计公司
方平米设计事务所

<| 设计师
朱江华　郑秋杰

>>>

　　本案的户型可归纳为三室两厅，其中一个为套间形式。设计师根据业主的居住情况进行了局部改造，成为一个大的套间和一个儿童房。为了使轴线对称，刻意调整了原入户门的位置，正好解决了进门无玄关鞋柜的尴尬，同时调整原入户太偏无美感的视角问题。原户型的过道过于狭长，主卫有些小气，改造后正好将过道一部分空间让给主卫，扩大了卫浴空间。在设计半开放式厨房的过程中，把北边的小阳台也纳入进来，增加使用面积的同时也让整个客餐厅更加通透大气。

平面图

设计细节

木质吊顶安装吊灯需做龙骨加固

　　为了营造异域风情，设计师在吊顶、鞋柜的样式及电视背景等方面都做了特别的设计。进门口的鞋柜为嵌入式，还做了具有地中海味道的拱形造型。施工时应注意木质吊顶在安装吊灯的位置需做龙骨加固，防止安装时无法固定过重的灯具。

设计细节

厨房设计应考虑业主家庭的实际情况

　　开放式厨房对于油烟机的要求极高，一般在家做饭比较多的家庭不建议选择开放式厨房，故本案在隔断的背后加上移门，随时可以改成封闭式的厨房。移门隔断上玻璃窗的设计也可以增加空间的通透感和采光性。

厨房吊顶及橱柜台面的选择

　　开放式的厨房吊顶有很多种选择，如石膏板拉槽、格栅吊顶等。当然，防水、防油烟的集成吊顶也是非常实用的。橱柜的台面一般建议采用大理石铺设，便于风格统一，也方便卫生清洁。

案例说明

本案为顶楼跃层的户型，动静区域划分明显。一层为生活接待区，属于动区。二层为休闲区，属于静区，也是一家人的私密区。客餐厅通过拱形门洞自然划分，楼梯间为 U 形，除了在楼梯下增加储藏功能，设计师还把冰箱置于楼梯间内，有效地利用了楼梯下方的空间。考虑到业主一家居住人数多，三代同堂的特点，把卫生间做成干湿分离，提高生活的便利性。对于卧室空间，布局上没有太多的改动，设计师侧重配饰软装设计，给业主提供简洁不失温馨浪漫的居住空间。

蓝天白云下

<| 建筑面积
220m²

<| 装饰主材
墙纸、仿古砖、
马赛克、
彩色乳胶漆

<| 设计公司
深圳非空室内设计
工作室

<| 设计师
非空

>>>

设计细节

节能环保的射灯的应用

射灯或者筒灯对于一些小空间的造型上方用处特别大，既可以增加空间的亮度，还可以起到装饰作用。施工时应注意射灯的电线要预留适当的长度，方便安装时位置的调整。另外灯具可以选择采用 LED 射灯，节能环保。

设计细节

地砖铺贴注意平整度的把握

本案地面砖的铺贴方式较为复杂，施工过程中要注意平整度的把握，以及砖与砖之间的对缝等细节处理。当然也可以在铺砖完工后进行美缝处理，使得地面更加平整，方便日后的清洁打扫。

📝 设计细节

阳台保温层的合理利用

很多人在装修时，对阳台原有的保温层选择直接铲除的方式。其实，保温层对于室内的保温作用是非常明显有效的，所以，在不贴砖、不封闭露台的情况下，阳台的保温层应尽量保留，可以起到很好的保温隔热效果。

花样芬芳

<| 建筑面积

210m²

<| 装饰主材

热带雨林大理石、
木饰面板及木梁、
仿古瓷砖、
仿实木地板

<| 设计公司

重庆十二分装饰
设计

<| 设计师

熊柏凯

>>>

案例说明

　　本案不属于任何一种风格，既有美式的庄重，又饱含了内敛低调的人文精神。用气质打造经典空间，用艺术滋润品质生活，是此次设计的主旨与核心。

　　本案业主睿智儒雅，热爱生活，三代四口之家的生活更使房子里充满天伦之乐。因此，房屋的楼层布局就是为这个家庭量身定做的。负一层是公共活动区域，有着大气低调的影音室，书架的藏书让人感受到宁静、温暖的氛围；采光天井处布置了带有怀旧气息的罗汉床；平层是客厅、卧室区域，整体色调为驼色，安静典雅，与花园的生机勃勃相映成趣。

负一层平面图　　　　　　　　　一层平面图

 设计细节

留出安装罗马杆的空间

为了体现一点欧式的元素，移门或窗户选择罗马杆样式的帘子。施工时要注意吊顶下口和门洞、窗洞的上口是否有足够的空间安装罗马杆，如果没有的话可以考虑预留窗帘盒，做暗藏式的处理。

 设计细节

中央空调提高生活舒适性

业主选择中央空调主要是为了提高生活的舒适性。为了降低能耗，客厅吊顶并没有做灯带，但为了与风格相协调，就做了一层简单的小叠级，厚度很小，目的是不给空调出风口增加阻挡而影响出风效果。

设计细节

庭院和露台设计要考虑防水

现代的家居设计不只局限于室内装修，很多带有庭院和露台的设计也被设计师所考虑。对此，施工过程中必须做好室内装修以外的工作，如外墙的防水、户外地面的散水等都需要受到高度重视。

 设计细节

视听室墙面采用软包设计

负一层的视听室设计师用软包进行处理，解决噪声对其他房间的影响。半高护墙板建议选择和门套相同的材质和颜色，最好找同一个厂家订制，这样可以避免二者因为高度、厚度的不一致而造成的无法衔接的问题。

平面图

家居设计不仅仅是指空间设计，更多的是打造一种生活的状态。本案是为了孩子上学和老人改善生活而设计的。一进门就是客厅，三加一的沙发组合，选择了高位的沙发方便老人起身。墙面搭配墨兰的梅花图，和谐稳重。餐厅设置了大面积的柜体，白色的门扇，很好地隐藏了柜子的沉重感，同时大大满足了老人的储藏要求。在卧室这样一个不大的空间里，设计师隐藏了两组大衣柜。简单的实木床体，搭配深色的乳胶漆墙面，一切都显得那么简单自由。

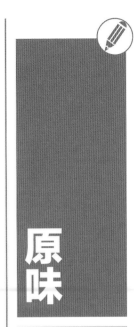

原味

< | 建筑面积
86m²

< | 装饰主材
彩色乳胶漆、
玉石、KD 板、
复合地板

< | 设计公司
南京北岩设计

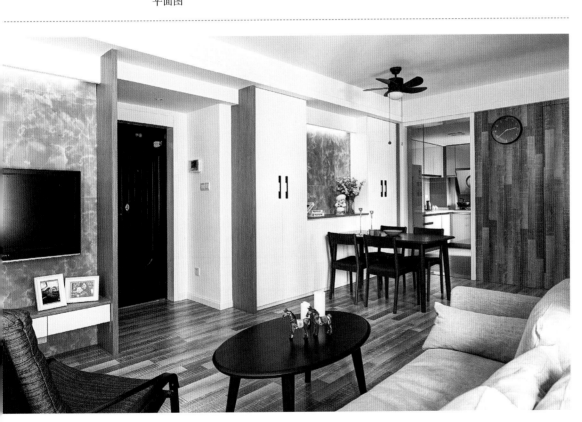

>>>

 设计细节

餐厅装饰柜储物美观两不误

餐厅装饰柜采用高低结合的方式，保证小户型储藏空间的同时又把空间空了出来，不至于给人过于饱满、拥挤的感觉。施工的时候需注意木制品与墙面的接缝，后期最好用胶进行黏结。

设计细节

卧室衣柜侧面做了单独的隔墙

卧室床头背景铺贴纯色的壁纸，同时做了吊顶区分墙面和顶面，没有一味地采用石膏线条进行划分。衣柜的侧面做了单独的隔墙，然后用木饰面板贴面，避免了采用乳胶漆会造成的开裂问题。

大城小爱

<| 建筑面积
182m²

<| 装饰主材
墙纸、
石材、
彩色乳胶漆

<| 设计公司
杭州麦丰装饰设计

<| 设计师
陈超

>>>

本案的客厅以深色调为主，壁龛式的电视墙造型丰富了立体感，真皮沙发与实木茶几的搭配让空间显得优雅而温和，暗红色的布艺沙发呼应过道和餐厅墙面的色调，浓墨重彩地为空间增添混搭气息。餐厅顶面十字交叉的装饰木梁肌理感极强，与一侧的吧台一起营造出自然原始的韵味。主卧未用杉木板吊顶刷白的处理方式，弱化了建筑横梁的压抑感。客卫把干区移到了过道上，那一抹红色延伸至此，在铁艺灯和金色镜框的映衬下显得神秘和华丽。

平面图

✏️ **设计细节**

中央空调的回检一体设计

中央空调因其良好的制冷制热效果被现代家庭较为广泛地使用。以前空调分为出风口、回风口与检修口，检修口的尺寸一般为 30cm×30cm。现在为了美观，可以把检修口和回风口做在一起，这样的做法能使吊顶更加美观。

✏️ **设计细节**

娱乐休闲的吧台设计

吧台主要起娱乐休闲的作用，是看书上网的绝佳场所。在做水电之前，设计师不仅要考虑此处的网络和插座布置，同时，也要考虑灯光的强度和类型，从而给工作或者娱乐提供最优质的环境。

✏️ 设计细节

投影幕布的插座应事先预留位置

对于想在客厅安装投影幕布的业主，水电施工时要在顶面预留幕布的插座位置。但是要注意其隐蔽性，一般建议做在投影幕的侧面。投影幕布下边的墙面做一个大的壁龛，摆放一些瓷器古玩等，在投影幕布收起来时能对此处起到艺术修饰的作用。

设计细节

卫生间的墙挂式坐便器

　　卫生间的坐便器采用墙排的形式，它的优点是坐便器属于挂式，不落地，便于打扫。但施工时需要注意的是，墙排式马桶的水箱一般不要封死，最好采用大理石覆盖，以便后期检修。

广岛之恋

<| 建筑面积
72m²

<| 装饰主材
墙纸、
仿古砖、
彩色乳胶漆

<| 设计公司
浙江城建装饰设计

>>>

原建筑户型为两室两厅，且客厅在进门处，采光不是很好，没有单独的餐厅位置，生活中存在不便。设计师大胆地把客厅与卧室做了调换，进门处做成次卧室，把阳台和原来的小房间打通作为客厅区域，保证客厅拥有足够的采光。同时把厨房做成敞开式，并与客厅连通。利用卫生间与主卧室原有墙体的改造，把过道区域做成了餐厅，也扩大了过道，让原本拥挤的户型变得开阔舒适。

平面图

设计细节

合理控制衣帽柜的柜门高度

本案门厅的衣帽柜为两组，鞋柜部分为上下式，镂空部分可随手放置钥匙等物品，其不落地的形式也给进出门换下的鞋子一个很好的安置空间。衣柜部分为整体式，这就对柜门有了一定的要求，要注意现场做的柜门高度控制在1800mm以下，否则很容易出现变形走样的问题。

设计细节

进门过道顶部铺贴地板

进门过道顶部的装饰处理采用地板贴顶的形式，要注意对于地板上墙或者贴顶的设计，施工过程中要确保铺贴之后材料的稳定性，所以可以在吊顶内部增加木工板进行加固处理，防患于未然。

中央空调安装位置的选择

在选择中央空调时，特别要注意出风口的摆放位置，不要正对着床头。在做吊顶时设计师要考虑其对空调的影响，不要做过高的反光灯槽，以免挡住风口，影响空调的出风效果。

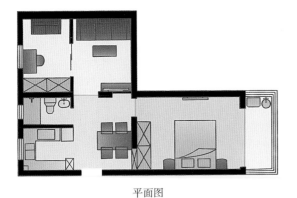

平面图

老房子的缺点是没有餐厅和客厅，本案原户型也是两室无厅，设计师根据业主的需求进行了改造。首先对空间做了重新规划，东北角的房间一分为二，作为客厅与书房，书房做了半封闭式的分割，不影响空间的宽敞度与采光面。同时，厨房选择开放式，无形中增加了餐厅的空间，也不会影响其采光性。整个空间规划合理紧凑，没有浪费空间，再加上设计师对风格设计和色彩的掌控，这个小房子显得明亮温馨。

新颜

<| 建筑面积

65m²

<| 装饰主材

仿古砖、墙纸
玻璃砖、
艺术花格

<| 设计公司

南京赛雅设计

<| 设计师

王梅

>>>

设计细节

玻璃砖提升客厅采光效果

沙发的侧面用玻璃砖增强客厅区域的采光效果。在玻璃砖的砌筑方式上，可以是木工板或者水泥砂浆，后期要用石膏腻子或美缝材料处理好各个玻璃砖之间的接缝。此外，电视背景墙采用镂空雕花木饰面板造型，增加采光的同时也可有效划分功能区。

✏ **设计细节**

餐厅背景的书柜造型

　　设计师利用墙体的厚度，在餐厅背景做了开放式书柜，同时增加了边框和柜顶的厚度，让其突出墙面，把书柜和墙面分割开来。建议做乳胶漆之前使用阳角条，一来保护墙角不受损害，二来便于做乳胶漆的分色。

混搭新潮

< | 建筑面积
250m²

< | 装饰主材
墙纸、
仿古砖、
彩色乳胶漆

< | 设计公司
杭州真水无香
室内设计

>>>

　　本案在户型改造上没有做太多的改动，只是根据业主家里的实际情况对局部稍做调整。设计上定义成地中海风格与乡村风格的混搭。大面积的暖黄色点亮墙面，让灿烂的阳光充满整个家，海蓝色的楼梯墙面则为房间带来一丝凉意。客厅三人沙发前的竹席和木箱分别取代了地毯与茶几的功能，两者表面的粗犷肌理与乳胶漆墙面形成趣味的质感对比。一把黄绿色且带有做旧痕迹的休闲椅与黑色摇椅一起为空间注入几分神秘动人的气息。此外，过道、餐厅、厨房等多处墙上出现圆拱形壁龛造型，既在风格上形成了呼应，同时也可以摆放许多物品和装饰品。

一层平面图

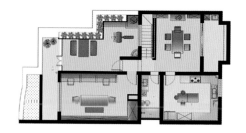

二层平面图

圆弧形墙面设计与暖黄色墙面相互映衬

为了满足客厅的舒适性与变化性，在其中央区域做了地板的铺设，这就要求施工时把地板与地砖进行对接，T形压条就是一种很好的收口材料。此外，靠阳台墙面的圆弧形设计与整体空间的暖黄色调相映衬，会给人一种温润柔和的感觉。

✎ **设计细节**

卧室设计榻榻米增加储物空间

榻榻米的高度有很多种，可以带储藏功能的榻榻米一直为很多业主所钟爱。这种地台高度一般在 45 ~ 55cm 最为适宜。但是由于长期封闭的原因，内部易潮湿是其最大的缺点，建议平时放置不怕潮的物品。

 设计细节

错层户型的台阶处理

对于这种错层户型的台阶处理，大理石是最好的地面材质，因为这种材料具有易加工和整体风格统一的特点，做出来的台阶不会形成铺贴缝隙，只需在踏步上直接做挂边处理即可。

 设计细节

壁龛造型丰富过道的层次感

本案多处使用壁龛的形式，这也是东南亚风格的常见设计手法。需要注意的是，此类壁龛一般不能使用墙纸进行铺贴，尽量选用乳胶漆或者硅藻泥材质饰面。

平面图

本案户型为两室两厅，面积正适合三口之家。设计过程中选择了干湿分离，在观感上增加了客餐厅的面积，让公共空间更有层次感，并且缓解了卧室门正对卫生间门的尴尬，使其有所过渡。原始户型的进门就是餐厅，餐厅与门厅合为一体，无形之中缩小了餐厅的空间，为了解决这个问题，设计师采用了卡座与吧台相结合的形式，既生动又不影响餐厅的实用性。但此种形式适用于小户型或人员结构比较简单的家庭，因为餐桌不可移动。

暖色心语

<I 建筑面积
88m²

<I 装饰主材
乳胶漆、马赛克
饰面板擦色、
欧松板勾缝

<I 设计公司
由伟壮设计

<I 设计师
由伟壮　麻玉婷

设计细节

**干区墙面注意
防水问题**

很多干区的墙面选择乳胶漆等非瓷砖材质，但是这就需要先解决好干区台盆的防水问题，所以，在做台盆挡水的时候，高度以20～30cm为宜。柜体也最好与墙面相接，以免形成柜子侧面的卫生死角。

>>>

为了做出原始自然的效果，该厨房的橱柜台面选择了直接贴砖的做法。因为瓷砖是前期做瓦工的时候施工的，所以要求提前预留准确的水槽或吸油烟机尺寸，给后期安装带来便利。

✏️ **设计细节**

拱形门洞表面的材质选择

欧式或者东南亚风格的设计会出现很多拱形门洞，其表面材质就有了一定的限制，最好为乳胶漆或者硅藻泥，尽量避免出现墙纸或者大片的墙砖等材料，这是因为墙纸不能折角铺贴，而大片的墙砖施工时过于复杂，不好收口。

巧克力的小田园

<| 建筑面积

70m²

<| 装饰主材

墙纸、仿古砖、
马赛克、
彩色乳胶漆

<| 设计公司

上海贤庭装饰设计

<| 设计师

钟瑛华

>>>

本案原始结构存在诸多缺陷，如卫生间门直接对着大门，没餐厅、客房，厨房太小，客厅不够大等。设计师在进门处设置一个玄关隔断，并在反面做了餐厅卡座。然后将厨房改成开放式，吧台和电视背景合为一体，让客厅和厨房的空间都得到充分延伸，整个空间也大气了很多。厨房拥有多个台面和储藏空间，在满足美观的同时让空间显得开阔。因为业主的朋友很多，所以设计师利用阳台做了地台，以便朋友来了可以睡觉和娱乐。次卧满足卧室和书房的功能。主卧阳台门换成折叠木门，让空间更宽敞。

平面图

设计细节

选择橱柜的台面材料

橱柜的台面可选择的种类很多，除了考虑其强度和硬度之外，还要考虑它是否渗色、是否易擦洗等，常用的一般是石英石、赛丽石等高硬度、不易渗色的人造石。此外，厨房的地面和墙面铺贴相同材质的墙地砖，让整个空间和谐统一。

✏️ **设计细节**

阳台改造成实用的储藏和休闲空间

本案并没有把洗衣机放置在北阳台，这样的做法是非常明智的。阳台的下水管道一般是雨水或者空调冷凝水的管道，它不适合作为洗衣机等污水的排放管道，因为容易堵住水管，给生活造成困扰。设计师巧妙利用阳台做了一个实用的储藏和休闲空间。

✏️ **设计细节**

地砖与地板巧妙衔接

地砖与地板的衔接方式有很多：一是可以直接收口，即砖与地板直接对接，不需要过渡的材料，但对砖的裁切平整要求比较高；二是采用压条收口，即使裁切砖上有一些小瑕疵也可以用压条掩盖；三是选择大理石作为过门石，把地砖与地板区分开来，但一般此种做法常见于门洞处的地面。

平面图

业主三代同堂,对于储藏的需求量特别大,设计上巧妙地安排了很多储物空间来满足业主的需要。原户型餐厅是靠在门外的,空间特别狭小,设计师灵活地把餐厅和书房做成了一体的空间,把原有餐厅位置与客厅打通,使客厅更加宽敞,提高了空间的舒适性。由于主卧房门和电视背景在一面墙上,于是把卧室门做成隐形门,使其有一个整体的效果。次卫做了干湿分离,保证一家5口人生活上的舒适性与方便性。儿童房的设计比较有新意,抬高床的位置,增加台阶,既给儿童一个独立的空间,又使儿童的生活更具趣味性。

自然格调

< | 建筑面积
100m²

< | 装饰主材
彩色乳胶漆、
仿古砖、
实木地板

< | 设计公司
深圳3米设计

< | 设计师
3米

>>>

设计细节

客厅空间自由舒适

　　设计师把原有的餐厅改为过道，并增加了储藏柜，柜门做成护墙板的样式，把柜子藏到墙内，使客厅空间更加自由舒适。对于小户型的顶面，建议不要做吊顶，当然也可以选择一些较宽的石膏线进行修饰。

设计细节

卧室床头与衣柜融合的设计

　　衣柜被设计师安排成了床头背景，把床镶嵌在柜子里面，空间规划显得更加合理。建议选择与床头衣柜材质和颜色相同或者相近的睡床，这样风格上比较统一，给人一个整体性的效果。

砖砌柜体加强阳台空间利用

　　现场制作柜体及台面，把洗衣机与洗衣盆嵌入其中，这样的设计既方便清洁，又解决了下水易堵的问题，美观实用。此外，台面上方再设计一组吊柜，美观别致的同时，也具有储藏的功能。

悠然宁静

< | 建筑面积
85m²

< | 装饰主材
墙纸、马赛克、
仿古砖、
彩色乳胶漆

< | 设计公司
杭州麦丰装饰设计

< | 设计师
陆宏

>>>

　　本案是一套 85m² 的跃层小户型，一楼确定为客厅、餐厅、书房、厨房等公共空间，二楼则是主卧和儿童房两个私密空间。设计师对原始结构做了一些改动：首先拆除厨房与过道之间的墙体，改成开放式，并以一个兼具鞋柜功能的吧台作为隔断；其次，因为原户型中的餐厅面积较小，过道相对狭窄，设计师从书房中划分出一部分作为卫生间干区，并且做成圆弧形，不仅与圆形餐桌互相呼应，而且也让整个空间显得宽敞许多。

一层平面图

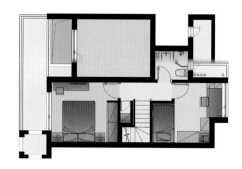

二层平面图

马赛克的运用和收口处理

　　设计师运用马赛克作为台盆干区的墙面材料，并且同样用在楼梯踏板的立面，让这两个空间彼此联系。另外，马赛克与卫生间的外墙需要做材质收口处理，建议选择实木或者不锈钢包边，避免时间久了阳角处有破损。

设计细节

厨房吊顶选择杉木板材质

　　本案的厨房吊顶选择了更加原生态的杉木板。施工过程中，要对吊顶进行打磨和上漆处理，面漆以5遍为宜，目的是减少油烟或者水汽等对木材造成的影响，而在装灯的吊顶区域也应做龙骨加固，以便灯具的安装。

卧室铺贴地板应与窗户形成垂直的角度

地板对于卧室的重要性不言而喻，铺贴地板的朝向一般与窗户垂直，这样实木地板在经受长时间吹风和光照的情况下，变形程度就能大大降低。此外，卧室的窗帘最好选用双层的，厚的起私密空间的保护作用，薄的透气，同时也避免夏天阳光直射带来的不适。

情系向日葵

<|建筑面积
87m²

<|装饰主材
仿古砖、
杉木护墙板、
彩色乳胶漆

<|设计公司
南京昶卓设计

<|设计师
黄莉

>>>

本案设计师对原入户花园进行了改造，做了一个储物间，同时设计了一个卡座，方便进门放包或在上面坐着换鞋。将原入户花园的墙体拆除，在此做了一面酒柜，可以摆放饰品，也可以放上家人的照片。客厅明亮的黄色搭配海洋的蓝色系沙发，似乎让人能感受到阳光、沙滩的味道。电视背景墙原本尺寸并不充裕，特意将过道的梁做了弧形收口，使视线延展了不少。窗帘同样也选择了竖向纹，延展了空间的高度，同时与沙发的竖条纹相呼应。厨房没有安装传统的移门，仅仅做了一个隔断，两个空间的互动性增加了不少。因为现阶段孩子还小，与父母同住一个房间，所以需要选择一张大床，这样自然就影响了原来衣柜的位置，设计师巧妙地将衣柜放在床的侧面，将电视柜与衣柜完全融合在一起。儿童房蓝色的帆船图案墙纸，寄托着对孩子的所有期望，希望孩子在这片蓝色的知识海洋里茁壮成长。

平面图

✏️设计细节

小户型空间选择挂墙式电视机

　　小户型空间一般选择挂墙式电视机，这样可以不占空间。电视机背后的插座、电线与网线等通过提前预埋的管道直达电视机，使电视墙不至于出现太多的线路，减少了对其美观度的影响。

✏️ **设计细节**

儿童房制作吊柜式书橱

　　为了更合理地利用空间，增加储藏功能，设计师在床头做了个吊柜式书橱。对于这类吊柜式书橱要注意高度不宜过低，以免给日常的休息造成压抑感。色彩和材质方面要和睡床保持一致，让空间整体统一。

✏️ **设计细节**

卫生间装修注意材料的防水性能

　　卫生间因潮湿、水汽重，装修时一般满贴地砖。为了保证其美观性，正常的施工工艺为墙砖压地砖，这样可以用墙砖把地砖裁切时凹凸不平的毛边掩盖掉。在吊顶方面则建议使用集成吊顶等防水材料。

　　本案入户左边纯土黄色的墙面上悬挂着既有意义又有装饰性的黑色相框，蓝色的入户门是后期手绘设计师画上去的，别有一番特色。鲜明的颜色感觉如海岸般充满了阳光。入户右边就是厨房，因为空间有限，厨房是开放式的。白色台面、原木色橱柜、仿古砖，地中海风格的厨房也不缺少细节。

　　客厅采用具有地中海风格特色的风景图片作为沙发墙面背景，烘托出浓郁的地中海气息，同时使狭小的空间视觉上更加开阔，且风景宜人。一楼的公共卫生间是多边形建筑造型，土黄色的墙面和仿古砖都营造出地中海风格。

蓝白小镇

<| 建筑面积
140m²

<| 装饰主材
马赛克、
仿古砖、
彩色乳胶漆

<| 设计公司
深圳伊派室内设计

设计细节

暗卫生间注意采光和通风

　　本案的卫生间在餐厅旁边，采光和通风非常差，所以建议在卫生间做好换气处理。采用排气扇或者新风系统可以解决通风不畅、潮气重的问题。此外，在靠客餐厅的墙面设计一个窗户可以解决部分采光问题。

设计细节

开放式厨房的墙面处理

厨房做成开放式的格局，墙面铺贴的墙砖和厨房外部空间的墙面材质不易收口，建议不要采用墙纸等容易翘皮的材质做阳角收边，可以考虑选择乳胶漆，并做好阳角修直处理。此外，吊顶方面建议选择防潮、防油污、易清洁的集成吊顶。

设计细节

根据业主的喜好设计卫生间

　　卫生间放置了成品的浴缸，满足业主爱泡澡的喜好。卫生间潮气重，窗帘注意选择防水、易清洗的材质。本案设计的吊顶采用防水石膏板材料，面层为防水乳胶漆。此外，选择颜色较深的地砖，便于日常的清洁打扫。

平面图

本案女业主的品位不俗，平时喜欢购买一些小摆饰，而这些小摆饰与整体风格又是如此相得益彰。客厅里因为摆放满墙的书而成为最大的亮点，电视墙没有做任何刻意的背景。门厅的顶面刻意做成一个屋顶的造型，小小的空间营造出大大的安全感。餐厅的墙纸从顶面延伸到墙面，拉伸了空间，同时吊扇灯非常的实用。因为业主希望有一间书房，所以设计师将阳台做成了书房，而书柜与客厅沙发后的形式也完全呼应。主卧室的床头专门定制了一幅花鸟图，窗帘也同样使用淡绿色，清雅的感觉扑面而来。

书香绿苑

<| 建筑面积
129m²

<| 装饰主材
墙纸、
硅藻泥、
拼花地砖

<| 设计公司
南京昶卓设计

<| 设计师
黄莉

>>>

客厅沙发背景做成开放式书柜

　　客厅的沙发背景做成开放式书柜，书柜的隔板跨度应控制在 1.2m 左右，保证其在承重范围内不变形，同时建议隔板的厚度增加一倍，承重效果更好，美观度更高。沙发位置摆放合理，方便取书阅读，也合理地利用了书柜下方的空间。

 设计细节

卫生间注意防潮通风

　　卫生间的墙面铺贴墙砖，能很好地防止墙面受潮脱落。台盆柜为实木材质，天然环保，但是容易受潮而产生变形。因此，卫生间的通风处理是非常有必要的。建议增加排气扇，有利于保证卫生间的干燥性。

绿野棕林

< | 建筑面积

228m²

< | 装饰主材

文化砖、仿古砖、
手工小砖、
铁艺灯具

< | 设计公司

桃弥设计工作室

< | 设计师

李文彬

>>>

案例说明

　　本案业主是一位很讲究生活品质的女人，设计初期与设计师沟通了她的种种想法。例如，客厅的家具要三种不同材质的混搭，餐椅也要不一样的，墙面尽可能不要做造型，并且希望家里的东西都是可以随意移动与添置的，好给她多留点发挥的空间。于是设计师没有做太多造型，更多的是用软装搭配营造氛围。

　　因为各个功能间都相对不大，所以在设计过程中，设计师充分节省了空间。例如，把楼梯下方空间并入厨房，使得厨房宽敞舒适；二层儿童房利用了墙体本身的厚度做了开放式展示柜，细腻而巧妙。主卧室配备了单独的衣帽间和卫生间，宽敞的衣帽间对现代女性的重要性不言而喻。书房并没有想当然地和主卧室做成套间，保证了工作区域和休息区各自独立。

一层平面图

二层平面图

🖋️ 设计细节

巧用鞋柜作为玄关的隔断

此户型的客厅面积不大，所以设计师利用半高的鞋柜作为玄关隔断，把门厅和客厅简单地划分开来。鞋柜的高度建议控制在 0.9～1m，柜门可选择比较透气的木质门，实木百叶也是一种选择。

🖋️ 设计细节

餐厅地面小方砖之间采用美缝处理

铁艺在田园风格的居室中设计运用得较多，但是应注意适量安装摆放，因为过多的铁艺类装饰会破坏空间的温馨感。此外，地面小方砖之间的缝隙后期可以采用美缝处理，否则在长时间的使用以后，小方砖之间的缝隙容易变脏，影响地面的整体效果。

实木家具应与暖气片拉开距离

实木家具具有稳重大方、古朴自然的特点，是很多业主考虑卧室家具时的首选。本案同样选择的是实木家具，但摆放时要注意尽量拉开与暖气片的距离，以避免冬天使用暖气时散发的热量对纯木制品造成伤害。

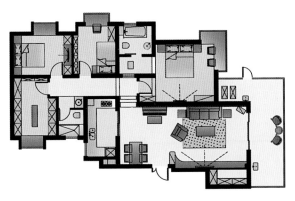

平面图

本案是四室两厅的户型，带小花园、大厨房、大客餐厅及一个大套间，唯独3个次卧室偏小，且卧室的储藏空间缺乏。为了解决这些问题，并根据业主的实际情况与期望，设计师将其中一个北边卧室改成衣帽间，而且利用两个小卧室自身狭长的特点，改变房门位置，在门后做了储物空间。另外，此户型的过道过于狭长，设计师利用干湿分离，增加了层次感，并在主卧与过道之间的墙上开了窗，让整个空间更富有趣味性，很好地迎合了设计风格的整体感。

摩卡之味

‹ | 建筑面积

150m²

‹ | 装饰主材

仿古地砖、马赛克、水曲柳饰面、麻质面料

‹ | 设计公司

南京宇泽设计工作室

‹ | 设计师

肖为民

›››

✎ 设计细节

多个拱形门洞美观大方

房屋内多次采用拱形门洞的形式，美观大方，但建议施工时用磨具做拱门弧度，这样既能使大小弧度统一，又能保证拱形一次成形，制作简单。此外，墙面选择淡淡的茶绿色，使得整个空间清新自然。

 设计细节

马赛克与乳胶漆之间巧妙衔接

　　客厅吊顶走了一圈深色的马赛克线条，表现出丰富的层次感；浅色马赛克贴面的地台与鞋柜融合一起，整体感十足。但施工时需要注意马赛克与乳胶漆之间的衔接，可以在处理墙面基层时做出层次，让马赛克贴完后与乳胶漆完成的两个面齐平。

✏️ 设计细节

房间的书柜采用开放式设计

　　房间的书柜做成开放式，而且完美地和墙体融为一个整体。这里要注意每格书柜不宜太宽，以 35cm 为宜，高度控制在 2.2m 左右。书柜顶面的拱形设计也与房间多次采用的拱形门洞相得益彰，整体风格和谐统一。

东情西韵

<|建筑面积
183m²

<|装饰主材
墙纸、
布艺软包、
彩色乳胶漆

<|设计公司
南京董龙设计

<|设计师
颜旭

>>>

本案原户型为三室两厅，结构规整，唯独主卧室部分空间比较凌乱，设计师根据业主的需求进行了调整。把主卧室做成一个大的套间，功能齐全。南面的小卧室和小阳台合并，扩大后成为书房。整个户型公共空间与私密空间分明，进门口有单独的鞋帽柜和独立的门厅区域。设计师也把公共储藏与卧室储藏分开，利用餐厅飘窗的位置做成矮柜，既美观又实用。

平面图

 设计细节

安装中央空调的合理高度

安装空调时，要注意顶面是否有阴角线的造型。如果有的话建议空调不要吸顶安装，应与顶面空出 3～5cm 的距离。这样做完吊顶后，空调出风口的上方可以安装 7～8cm 的阴角线。若房屋的层高有限制，则需要拓宽空调出风口与机器之间的距离，以便后期安装帆布接风口。

✎ **设计细节**

壁灯的高度和墙面线条的制作

　　电视背景墙的壁灯主要起到装饰性的作用，高度一般控制在1.8m以上。而床头的壁灯高度一般在1.6m左右，主要用于生活照明。墙面线条的制作一般有两种：一种需在原墙面做九厘板基层再安装线条；另一种是直接把线条黏结在墙面上，但墙面基层要做平整，否则后期线条容易脱落。

✎ **设计细节**

踢脚线的高度应根据装修风格调整

　　踢脚线的高度也要根据风格的不同进行高低调整，一般简约风格的踢脚线高度在8～10cm，而欧式或新古典风格的踢脚线在12～18cm，具体尺寸还应根据房屋的高度酌情考虑。

本案为上下两层的复式结构住房，以混搭设计为主旨。客厅选用暖色的墙纸、地毯与深色的沙发和坐椅形成强烈反差，很自然地吸引了注意力。因为要照顾到业主的生活习惯，客厅没有放电视机，而是在电视墙的位置制作了一整面白色展柜，摆放业主多年的精心收藏，气氛一下子变得活跃起来。餐厅的吊顶、灯具与圆形的餐桌相呼应，给家中带来和谐吉祥的意蕴。此外，大块镜面的运用也可以扩大就餐空间的视觉效果。在厨房布置上，设计师将靠窗的区域布置成中式灶台的炒菜区，这样可以减少油烟污染室内空间；西厨与餐厅之间用一个小吧台隔开，开放式的设计可以帮助餐厅得到更多的自然采光。

二层的设计既有传统的味道又充满现代感，楼梯口的两盏鸟巢吊灯蕴含着厚重的中国韵味，依斜顶而建的卧室流露出闲适、恬淡、怡然自得的生活情调，白色的陈列柜延续了简约时尚的主题。

月满西楼

<|建筑面积
260m²

<|装饰主材
墙纸、仿古砖、
布艺软包、
彩色乳胶漆

<|设计公司
上海 1917 设计

一层平面图

二层平面图

设计细节

个性鲜明的客厅设计

客厅区域并没有做单独的电视背景墙，设计师做了整面墙的开放式书柜。因为该客厅的书柜是现场制作并且上油漆的，所以在做此类嵌在墙体里面的柜子时，务必用线条或者小压条把柜子与墙体之间的缝隙盖住，以免时间长了开裂而影响美观。

楼梯踏步的选材

楼梯的表面材质多种多样，但是如本案所示的错层之间的楼梯，通常是直接与客餐厅相接触的。在做这种类型的楼梯踏步时，最好选择大理石或者实木等易收口的材质，切忌用瓷砖直接铺贴而影响踏步的整体效果。

设计细节

开放式厨房
敞亮美观

设计师把厨房设计成开放式，使整个空间通透明亮。开放式厨房的墙砖有时会存在收口的问题。对于墙砖这类侧面不够细腻的材料，在施工时一定使其贴至阴角处断开，当然也可以用不锈钢或者实木线条进行过渡。

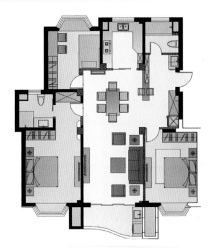

平面图

家居装修要尽量保证户型的规整性，避免做异形不规则隔断。本案是一个二次装修的案例，设计师将原始结构中的不规则隔墙全部拆除，恢复原建筑规整的格局。为保持客餐厅的整体性，又将主卧和儿童房入户门做了隐形门处理，使整个空间尽显方正、整齐。入户处采用吧台与装饰柜结合的方式做隔断，使空间显得灵动而不呆板，又多了吧区的功能性，一举两得。电视背景墙采用墙纸、饰面板、爵士白大理石互相搭配，以矩形为基本单元，大小互相衔接。

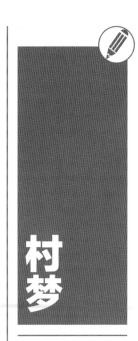

村梦

< | 建筑面积

124m²

< | 装饰主材

实木地板、
仿古砖、
墙纸

< | 设计公司

苏州贝瑞设计

< | 设计师

展小宁

>>>

✎ 设计细节

餐厅与客厅的功能分区

两个卧室的门都在餐厅的一面背景墙上，设计师用木饰面把餐厅从客厅处区分开来，在木饰面上做了线条的勾勒，很好地解决了隐形门的收口问题。另外，餐厅处做石膏板吊顶也很好地解决了功能区的划分问题。

设计细节

飘窗改造成储藏柜

　　卧室原来有个飘窗，设计师把其打掉，利用原来的面积制作出一个储藏柜。需要注意的是，有的户型飘窗是可以砸的，而有的户型是不可以的，施工前需得到相关部门的同意，方可施工。

设计细节

卫生间墙面砖的合理铺贴

  卫生间墙面砖的色彩关系上一般为上浅下深，让空间视觉上比较沉稳。下面砖的颜色为深色，也更易于卫生打扫。淋浴间在做设计的时候要注意挡水条的 1/3 需埋在地砖下，这样长时间使用也不易漏水。

浓郁休闲风

< | 建筑面积
354m²

< | 装饰主材
西乃珍珠、
马赛克、橡木、
仿古砖

< | 设计公司
深圳昊泽空间设计

< | 设计师
韩松

>>>

本案一共4层，设计师尽量保持原建筑空间的功能划分，把室内空间的最大特点表现出来。现代东南亚风格中蕴藏了许多微妙的细节，功能设备齐全，包括1套完整的起居空间、3套卧室、1套主人套房，空间布局实用性强。

本案整体以米黄色调为主，一层门口的装饰木花格鞋柜和特色地面拼花，成为第一道风景线。房间的线条简洁，厨房选用了高档的进口材料，高贵大方。客厅宽大的落地玻璃窗将开阔的景观尽收眼底。沙发侧面一幅特色的东南亚屏风，配以简洁舒适的家具，时尚感十足。主卧室空间很大，放置了两米宽的四柱床，还包括豪华的卫生间。设计师精心挑选的家居饰品，带有文化特色的组合小茶具增添了生活气息。

负一层平面图

一层平面图

二层平面图

三层平面图

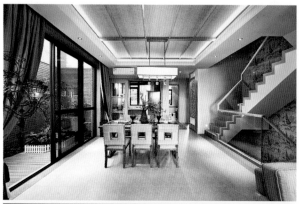

设计细节
厨房玻璃移门的设计增加采光

厨房做移门不会占用空间，玻璃材质的移门还能起到增加采光的作用，前提是必须处理好移门的轨道。现在为了防止地面轨道的损坏和给打扫带来不便，装修过程中一般采用上吊轨的方式，地面只有隐藏的定位器。

挑高的客厅在两层交接处巧妙收口

很多别墅或者跃层住宅一般都带有挑高客厅，这类客厅在两层交接处能够露出楼板的断面或者是梁的一部分，在处理时要注意材质的选择以及是否容易收口。建议采用大理石这类和二层地面相互协调的材质，也可以用墙纸贴至二层地面下口 5cm 左右，用大理石进行压边过渡。

卫生间的装修注意防水

卫生间是水汽非常重的地方，建议采用集成吊顶或者防水石膏板吊顶。贴砖之前务必做好墙地面的防水，淋浴房的墙面防水一定做到吊顶以下处，同时，淋浴房的内外都必须做好地面散水，以免后期使用时出现渗水的情况。

✏️ **设计细节**

露台休息区的设计

　　露台上设计木质条凳，把此处改造成浪漫的休闲区。休闲椅与地面的材质相同，以防腐木为主，看中的是其良好的防腐和防水性能。周围再种一些植物、花卉进行点缀，为休息区带来一片自然气息。

本案原户型的一层南北通透，本身较为规整，唯一不足就是入户门对着卫生间的门，设计师在这一问题上做了调整，即在餐厅背景墙上做了装饰柜作为进门玄关的背景，同时挡住了卫生间门。二层是为业主使用的大套间，其中包含了主卧、书房、卫生间及休闲区域。

日式装修讲究以心去感受这个世界，所以在设计上摒弃了很多绚丽的色彩，以素色为主，追求宁静以致远的一种家居心态。客厅选择一块长长的搁板取代了电视柜的功能，并且把电视墙分隔成上下两部分，避免了大面积白色的单一，质感粗犷的砖纹和玄关处的麻绳隔断形成呼应关系。卧室的床头墙面同样也是素白的，只是通过凹凸的装饰背景丰富了空间层次感。楼梯的上方悬挂着多个伞状灯具，带有浓郁怀旧气息的同时也有一帆风顺的吉祥寓意。

 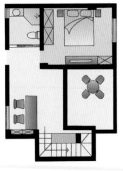

一层平面图　　　　　　阁楼平面图

日式禅意

<| 建筑面积

108m² + 阁楼

<| 装饰主材

直纹黑胡桃饰面、麻绳、油纸伞、墙纸

<| 设计公司

南京赛雅设计

<| 设计师

王梅

>>>

✏ **设计细节**

深色实木方条装饰过道吊顶

进门过道区域的吊顶为深色实木方条。因为该处的灯是藏在吊顶内的，所以整体与隔断、楼梯协调一致而不显得压抑。可以考虑把吊顶部分做成可拆卸形式，以方便后期更换灯泡。

设计细节

客厅与楼梯间巧妙衔接

　　该户型为跃层，设计师把楼梯做成全木质而非现浇的。楼梯间的背景墙选择地板上墙的方式，在与门口的交界处，设计师把客厅装饰隔断贴墙安装，隔断造型的边框对墙面地板进行了自然的收口处理，直接明了。

**厨房铺贴拼花
地砖美观大方**

厨房地面铺设拼花地砖显得十分美观。这里需要注意的是，可以在橱柜下方的地面与橱柜背后的墙面进行差砖铺贴，减少不必要的浪费。墙砖的颜色应合理选择，太深的话会造成视觉的沉重感，太浅则容易显出油污。

**伞状灯具
艺术感十足**

顶部悬挂的伞状灯具美观大方，艺术感十足，与楼梯间的木质扶手互相映衬，古朴古香。这里需要注意的是，楼梯间存在多处直接为乳胶漆材质的阳角，做油漆基层时，需做阳角条进行阳角修直和加固处理。

混搭地中海

< | 建筑面积
107m²

< | 装饰主材
原木、仿古砖、
硅藻泥、
彩色乳胶漆

< | 设计公司
浙江城建装饰设计

< | 设计师
夏萃

>>>

本案采用了明媚的地中海风格，运用米黄色的墙面、蓝色和米色的沙发、实木色的茶几以及艺术砖、拱形门洞、拱形窗等元素，使室内气氛清新而舒适。天然原木造型的厅柜和业主捡来的鹅卵石堆砌出来的水池，自然地衬托出乡村的厚重感。从客厅看去，各种造型的拱门使各个空间相互流通，室内更加明亮宽敞。通过餐厅的拱形窗户，看到镜子里反射出来的景象，让人有一种纵深空间的错觉。简洁明亮的书房、圆弧立柱与实木相结合的书柜，原始而真实，通过设计的细节处理，混搭地中海的浓浓风情被引入到室内的各个角落。

平面图

随着生活条件的不断改善，很多家庭选择了更加节能环保的地暖作为取暖设备。由于地砖的导热性明显好于木质材料的地板，因此在客餐厅等公共区域建议选择地砖作为地面铺贴材料。

阳台设计注意防水

　　房屋窗台等容易淋雨的地方，在施工过程中要特别注意。首先要做好外墙的防水处理，同时，窗台板材质选择一定要采用具有防水特质的材料，如大理石等。此外，在窗台的处理上，可以利用飘窗原有位置做成储藏空间，从而让空间得到合理的利用。

马赛克的使用应注意收口问题

　　现代的装修风格都会不同程度地运用到马赛克，但是马赛克与其他装饰材料之间的收口问题仍然需要注意。例如，本案小吧台的正面贴了马赛克，设计师采用实木和人造石做了对接，就很好地解决了收口问题。